한날 글·그림 / 이젠수학연구소 지음

새 교과서 반영

3학년에게 꼭 필요한

시간과 측정

만화 교과서

이젠교육
EZEN EDUCATION

한날 글·그림

웹툰·이모티콘 캐릭터 작가로 활동하며 캐릭터 그리는 것을 평생의 즐거움으로 살아가고 있습니다. 웹툰 '동물농장'과 '인생다반사'를 연재했으며, 카카오톡 이모티콘 '인생다반사'와 '짤모티콘' 등을 출시하였습니다. 쓰고 그린 책으로는 《읽으면서 바로 써먹는 어린이 영단어》, 《읽으면서 바로 써먹는 어린이 맞춤법》, 《읽으면서 바로 써먹는 어린이 관용구》, 《읽으면서 바로 써먹는 어린이 속담》, 《읽으면서 바로 써먹는 어린이 퀴즈》, 《읽으면서 바로 해보는 어린이 게임》 등이 있습니다.

http://blog.naver.com/ngmspg http://www.instagram.com/hannal_01

이젠수학연구소 지음

이젠수학연구소는 유아에서 초중고까지 학생들이 수학의 바른길을 찾아낼 수 있도록 수학 학습법을 연구하는 이젠교육의 수학 연구소입니다. 수학 실력은 하루아침에 완성되지 않으며, 다양한 경험을 통해 발달합니다. 그길에 친구가 되고자 노력합니다.

3학년에게 꼭 필요한 시간과 측정 (만화 교과서)

초판 1쇄 발행 | 2022년 1월 10일

지 은 이 이젠수학연구소
펴 낸 이 임요병
펴 낸 곳 ㈜이젠교육
출판등록 제 2020-000073호
주 소 서울시 영등포구 양평로 22길 21 코오롱디지털타워 404호
전 화 (02)324-1600
팩 스 (031)941-9611
인스타그램 @ezeneducation
블 로 그 http://blog.naver.com/ezeneducation

@이젠교육
ISBN 979-11-90880-70-1

3학년에게 꼭 필요한

시간과 측정

만화 교과서

구성과 특징

3학년에게 꼭 필요한
시간과 측정

수학 웹툰 전문 작가의 캐릭터를 활용한 실생활 이야기로

수학에 대한
호기심과 자신감을 키워요.

1 시간의 계산
01
시는 시끼리, 분은 분끼리 더하기
배찌, 너 또 당근맨 보고 있구나.
응~ 히히. 정말 재미있어.
당근맨은 아무리 힘든 일이 있어도 포기하지 않고 채소 세계를 구해
맞아, 맞아. 나도 보고 싶어.
번쩍
6
● 무엇을 배울까요?
● 언제 배울까요?
그럼 같이 보자! 토리야. 이제 막 시작했어.
근데 난 2시 30분까지 미술 학원에 가야 해.
찡
지금이 1시 8분이고, 만화가 1시간 10분 동안 하니까~
지금부터 본다면…
1:08
곰곰
곰곰
7

학습 포인트 1

수학 교과서 단원의 내용을 실생활 소재를 활용한 만화로 재미있게 읽으면서 수학에 대한 호기심을 가질 수 있습니다.

학습 포인트 2

만화 속 내용과 연결된 수학 교과서 학년과 학기의 단원을 소개하고, 무엇을 배우는지 알 수 있습니다.

캐릭터와 함께하는 주제별 질문식 수학 개념을

쉽고 재미있게 읽으면서 원리를 이해해요!

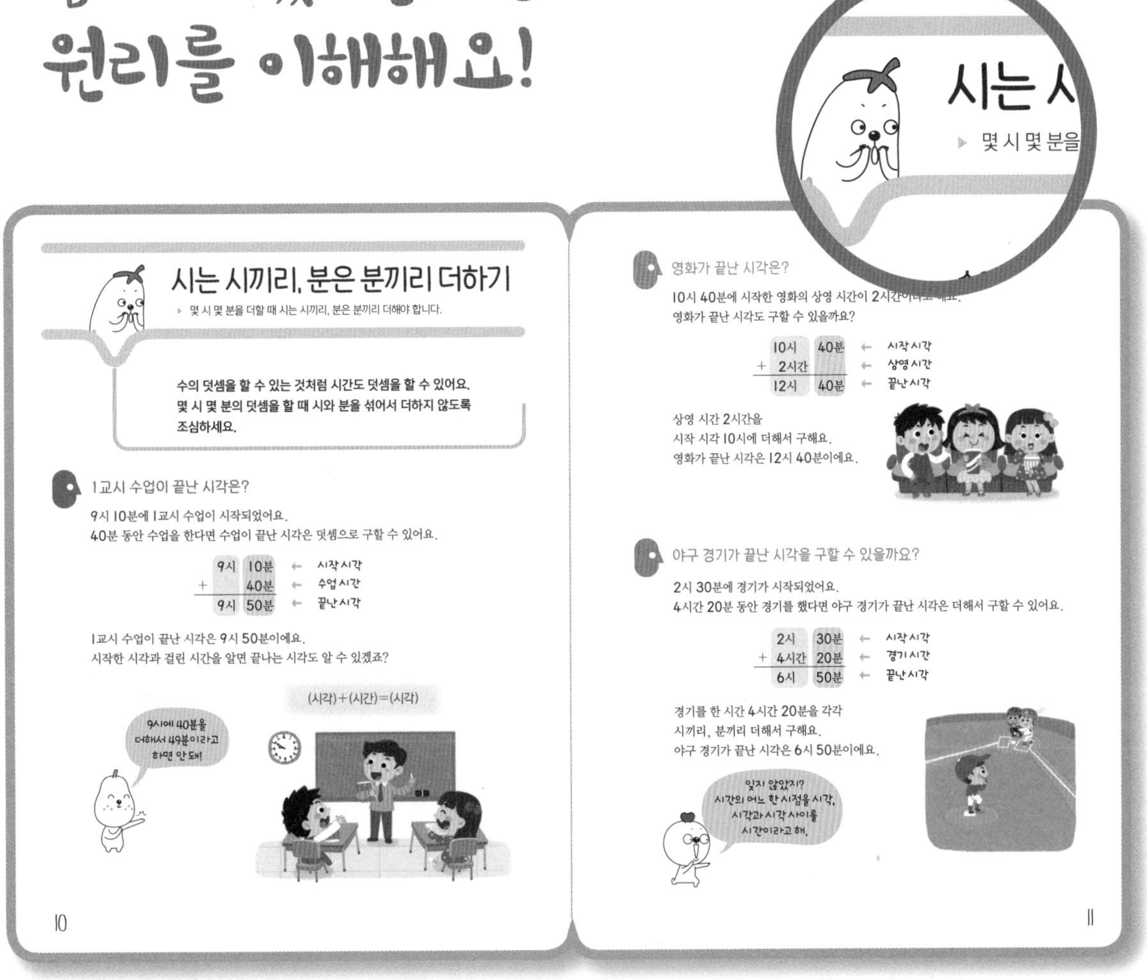

시는 시
▸ 몇 시 몇 분을

시는 시끼리, 분은 분끼리 더하기

▸ 몇 시 몇 분을 더할 때 시는 시끼리, 분은 분끼리 더해야 합니다.

수의 덧셈을 할 수 있는 것처럼 시간도 덧셈을 할 수 있어요. 몇 시 몇 분의 덧셈을 할 때 시와 분을 섞어서 더하지 않도록 조심하세요.

1교시 수업이 끝난 시각은?

9시 10분에 1교시 수업이 시작되었어요.
40분 동안 수업을 한다면 수업이 끝난 시각은 덧셈으로 구할 수 있어요.

	시	분		
	9시	10분	←	시작 시각
+		40분	←	수업 시간
	9시	50분	←	끝난 시각

1교시 수업이 끝난 시각은 9시 50분이에요.
시작한 시각과 걸린 시간을 알면 끝나는 시각도 알 수 있겠죠?

(시각)+(시간)=(시각)

9시에 40분을 더해서 49분이라고 하면 안 돼!

10

영화가 끝난 시각은?

10시 40분에 시작한 영화의 상영 시간이 2시간…
영화가 끝난 시각도 구할 수 있을까요?

	시	분		
	10시	40분	←	시작 시각
+	2시간		←	상영 시간
	12시	40분	←	끝난 시각

상영 시간 2시간을
시작 시각 10시에 더해서 구해요.
영화가 끝난 시각은 12시 40분이에요.

야구 경기가 끝난 시각을 구할 수 있을까요?

2시 30분에 경기가 시작되었어요.
4시간 20분 동안 경기를 했다면 야구 경기가 끝난 시각은 더해서 구할 수 있어요.

	시	분		
	2시	30분	←	시작 시각
+	4시간	20분	←	경기 시간
	6시	50분	←	끝난 시각

경기를 한 시간 4시간 20분을 각각
시끼리, 분끼리 더해서 구해요.
야구 경기가 끝난 시각은 6시 50분이에요.

잊지 않았지? 시간의 어느 한 시점을 시각, 시각과 시각 사이를 시간이라고 해.

11

학습 포인트 3

수학 교과서의 개념을 수학 만화와 연결하여 원리를 정확히 이해할 수 있습니다.

학습 포인트 4

주제별 원리에 대한 질문에 대해 생활에서 볼 수 있는 내용을 그림으로 재미있게 구현하여 쉽게 이해할 수 있습니다.

차례

3학년에게 꼭 필요한
시간과 측정

1. 시간의 계산

2. 들이와 무게

작가의 말

여러분에게 수학이란 어떤 의미인가요? 친해지고 싶은 친구인가요? 아니면 정복하고 싶은 대상이나 넘을 수 없는 장애물인가요? 각자마다 느끼는 수학의 의미는 다르겠지만 아마도 확실한 것은 우리 삶에 있어서 꼭 필요한 존재라는 사실이에요. 하지만 꼭 필요하지만 가까이 다가가기 어려울 때가 있죠. 과일채소 친구인 (쵸배, 배찌, 체로, 가징, 토리)도 마찬가지거든요. 그럴때마다 쵸배, 배찌, 체로, 가징, 토리는 일상생활에서 재미있게 수학을 접하며 즐긴답니다. 어린이 여러분도 이젠 이 책 속으로 들어가 과일채소 친구들과 함께 수학의 재미에 풍덩 빠져들 수 있었으면 하는 바람입니다.

01 시는 시끼리, 분은 분끼리 더하기

배찌,
너 또 당근맨
보고 있구나.
응~ 히히.
정말 재미있어.
당근맨은
아무리 힘든 일이 있어도
포기하지 않고
채소 세계를 구해
번쩍
맞아. 맞아.
나두 보고 싶어.

● 무엇을 배울까요? 구체적인 상황에서 시, 분 단위의 시간의 덧셈 원리를 이해하도록 합니다. 시간의 덧셈을 계산하도록 합니다. 구체적인 상황에서 시, 분 단위의 시간의 덧셈을 활용하여 문제를 해결하도록 합니다.

● 언제 배울까요? 초등학교 3학년 1학기 길이와 시간 단원에서 배워요.

그럼
같이 보자! 토리야.
이제 막 시작했어.
근데 난
2시 30분까지
미술 학원에
가야 해.
끙
2시 30분?

지금이 1시 8분이고,
만화가 1시간 10분 동안
하니까~
1:08
곰곰
지금부터 본다면…
곰곰

2시 18분에 만화가 끝나잖아.
깜짝
그렇구나!
학원은 2시 30분까지니까 당근맨을 다 보고 얼른 뛰어가면 되겠어.
그럼 나, 잠시 화장실 갔다 올게. 갔다 와서 함께 보자!
뿡
뿡
뿡
응. 빨리 갔다 와~ 기다릴게.
방귀 냄새가 지독하군.
응! 조금만 기다려~
후다다다다

끄응…
부들
부들
부들
휴~ 토리야. 화장실 갔다 왔어.
이제 당근맨 보자!
휴~ 상쾌해.
버럭
당근맨 말고 시계나 봐!
엥? 벌써 2시가 넘었네.
꼼지락
내가 그렇게나 화장실에 오래 있었나? 미안~
꼼지락
모든 건 배찌 집에 놀러 온 내 잘못이지.
당근맨은 내가 대신 재미있게 볼게.

시는 시끼리, 분은 분끼리 더하기

▶ 몇 시 몇 분을 더할 때 시는 시끼리, 분은 분끼리 더해야 합니다.

수의 덧셈을 할 수 있는 것처럼 시간도 덧셈을 할 수 있어요. 몇 시 몇 분의 덧셈을 할 때 시와 분을 섞어서 더하지 않도록 조심하세요.

1교시 수업이 끝난 시각은?

9시 10분에 1교시 수업이 시작되었어요.
40분 동안 수업을 한다면 수업이 끝난 시각은 덧셈으로 구할 수 있어요.

	시	분		
	9시	10분	←	시작 시각
+		40분	←	수업 시간
	9시	50분	←	끝난 시각

1교시 수업이 끝난 시각은 9시 50분이에요.
시작한 시각과 걸린 시간을 알면 끝나는 시각도 알 수 있겠죠?

(시각)+(시간)=(시각)

9시에 40분을
더해서 49분이라고
하면 안 돼!

영화가 끝난 시각은?

10시 40분에 시작한 영화의 상영 시간이 2시간이라고 해요.
영화가 끝난 시각도 구할 수 있을까요?

	10시	40분	←	시작 시각
+	2시간		←	상영 시간
	12시	40분	←	끝난 시각

상영 시간 2시간을
시작 시각 10시에 더해서 구해요.
영화가 끝난 시각은 12시 40분이에요.

야구 경기가 끝난 시각을 구할 수 있을까요?

2시 30분에 경기가 시작되었어요.
4시간 20분 동안 경기를 했다면 야구 경기가 끝난 시각은 더해서 구할 수 있어요.

	2시	30분	←	시작 시각
+	4시간	20분	←	경기 시간
	6시	50분	←	끝난 시각

경기를 한 시간 4시간 20분을 각각
시끼리, 분끼리 더해서 구해요.
야구 경기가 끝난 시각은 6시 50분이에요.

잊지 않았지?
시간의 어느 한 시점을 시각,
시각과 시각 사이를
시간이라고 해.

02 시끼리, 분끼리, 초끼리 더하기

꼭꼭 숨어라~
머리카락 보일라~
너희들 이제
다 숨었지?
찾는다~
음~
개미 한 마리
안 보이는군.
휙!
휙!

● 무엇을 배울까요? 구체적인 상황에서 시, 분, 초 단위의 시간의 덧셈 원리를 이해하도록 합니다. 시간의 덧셈을 계산하도록 합니다. 구체적인 상황에서 시, 분, 초 단위의 시간의 덧셈을 활용하여 문제를 해결하도록 합니다.

● 언제 배울까요? 초등학교 3학년 1학기 길이와 시간 단원에서 배워요.

다들 정말 잘 숨었네. 역시 숨바꼭질은 이래야 재미있지.
하지만 나도 찾는 건 귀신이야.
후다닥
여기, 토리 찾았다!
휙!
뜨헉!
끙
흐잉… 금방 들켰잖아.

여기에는 쵸배와 체로!
불쑥
우아~ 귀신같이 찾아내는구나!
휙!
이번엔 저쪽이군.
휙!
우아! 눈 깜짝 할 사이에 다 찾았네.
여기, 배찌까지!
깜짝

우리가 4시 20분 10초에 숨기 시작했는데…
지금 1분 20초밖에 안 지났어.
맞아. 시계를 보니 지금 딱 4시 21분 30초야.
척
4:21:30
가징이는 정말 대단하구나.
자~ 그럼 다시 가위바위보로 술래를 정해 볼까?
가위바위보!
뜨헉!
또 가징이가 졌잖아.
찾긴 잘 찾는데 가위바위보를 못 해서 항상 술래야. 킥킥~
끄응

시끼리, 분끼리, 초끼리 더하기

▸ 몇 시 몇 분 몇 초를 더할 때 시는 시끼리, 분은 분끼리, 초는 초끼리 더해야 합니다.

몇 시 몇 분의 덧셈과 같은 방법으로 몇 초도 더할 수 있어요.
시, 분, 초를 섞어서 더하지 않도록 조심하세요.

20초만 세고 눈 떠!

친구들과 숨바꼭질 놀이를 하고 있어요.
손목시계를 보니 4시 10분 30초예요.
20초를 세고 눈을 떠서 친구들을 찾으러 가 볼까요?

	4시	10분	30초	←	시각
+			20초	←	시간
	4시	10분	50초	←	시각

마음 속으로 20초를 세고 눈을 떠 시계를 보니 4시 10분 50초예요!

4시 10분 50초

통화가 끝난 시각은?

지호가 4시 14분부터 3분 45초 동안 친구와 전화를 했어요.
통화를 끝낸 시각을 구해 볼까요?

	4시	14분		←	시각
+		3분	45초	←	시간
	4시	17분	45초	←	시각

	4시	14분
+	3분	45초
	7시	59분

(✕)

시작한 시각과 걸린 시간을 더하면
끝난 시각을 구할 수 있어요.
통화를 끝낸 시각은 4시 17분 45초예요.

시끼리, 분끼리, 초끼리!
잊지마~.
둘씩 짝 지어진다고
서로 섞으면 안 돼~

(시각)+(시간)=(시각)

빵을 만드는 데 걸린 시간의 합을 구해 볼까요?

밀가루를 반죽하는 데 걸린 시간은 1시간 10분 30초,
오븐에 굽는 데 걸린 시간은 1시간 16분 4초였어요.

	1시간	10분	30초	←	시간
+	1시간	16분	4초	←	시간
	2시간	26분	34초	←	시간

각각의 시간의 합을 구하면
모두 하는 데 걸린 시간을 구할 수 있어요.
빵을 만드는 데 걸린 시간은 2시간 26분 34초예요.

(시간)+(시간)=(시간)

03 받아올림이 있는 시는 시끼리, 분은 분끼리 더하기

쵸배야,
이번 주 주말에
우리 할머니 댁에
같이 갈래?
할머니 댁?
거기가 어딘데?
우리 할머니 댁은
시골에 있거든.
방긋
그래서 물놀이도 할 수 있고
신기한 곤충도 볼 수 있어.

● 무엇을 배울까요? 구체적인 상황에서 받아올림이 있는 시, 분 단위의 시간의 덧셈 원리를 이해하도록 합니다. 시간의 덧셈을 계산하도록 합니다. 구체적인 상황에서 받아올림이 있는 시, 분 단위의 시간의 덧셈을 활용하여 문제를 해결하도록 합니다.

● 언제 배울까요? 초등학교 3학년 1학기 길이와 시간 단원에서 배워요.

우아~ 정말? 좋아. 나도 같이 갈래!
번쩍
그럼 토요일 오전 10시 50분에 출발할 거니까 우리 집으로 와.
알았어. 그런데 얼마나 차를 타고 가야 해?
차로 3시간 20분은 가야 해.
시무룩

3시간 20분
이나?
응. 10시 50분에 출발해서
3시간 20분이 걸리니까
곰곰
곰곰
그럼 14시 10분에
도착하는군.
즉, 오후 2시 10분에
도착해.
꽤 오래 걸리네.
긁적
긁적
하지만 놀기 위해선
그 정도는 참을 수 있지!
척

아니야.
할머니 댁 도착 시간은
오후 3시 40분인걸?
엥?
체로 너, 시간 계산을
잘 못하는구나.
오전 10시 50분에 출발해서
오후 3시 40분이 도착 시간이라면
4시간 50분이 걸리는 거야.
뭐라고?
분명 3시간 20분
걸린다고 했잖아.
응. 맞아.
그건 차만 타는
시간이고
그 후,
남은 1시간 30분은
배를 타고 들어가야 하거든.
히히~
끄응… 체로야,
난 다음에 갈게.

받아올림이 있는 시는 시끼리, 분은 분끼리 더하기

▸ 분끼리의 합이 60분이거나 60분보다 클 때는 시로 받아올려 계산합니다.

60분=1시간을 이용해서 시간의 덧셈을 할 때 분끼리의 합이 60과 같거나 크면 시로 받아올려 계산해요.

13시가 있다고?

기차를 타고 할머니 댁에 가려고 해요.
기차표를 보니 출발 시각이 오전 11시 40분이에요.
할머니 댁이 있는 곳까지 가는 데 2시간 15분이 걸려요.
도착 시각을 구해 볼까요?

	11시	40분	←	출발 시각
+	2시간	15분	←	걸린 시간
	13시	55분	←	도착 시각

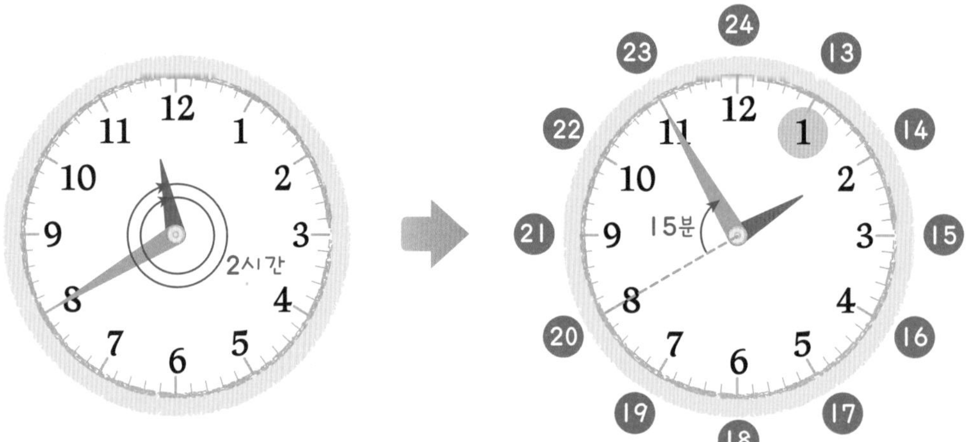

할머니 댁이 있는 곳에 도착한 시각은 13시 55분이에요.
오후 1시 55분이라고 할 수 있어요.

효주가 음악을 듣고 난 시각을 구해 볼까요?

효주가 영화 주제가를 듣기로 했어요.
음악을 듣기 시작한 시각은 오전 10시 20분이에요.
영화 주제가가 끝난 시각을 구해 볼까요?

음악의 종류	재생 시간
영화 주제가	1시간 45분
동요	1시간 56분

음악을 듣기 시작한 시각

	시	분		
	10시	20분	←	시작 시각
+	1시간	45분	←	재생 시간
	11시	65분		
	1시간 ←	60분		
	12시	5분	←	끝난 시각

65분=60분+5분
60분을 1시간으로
바꿔서 시각과 더해 줘.

영화 주제가가 끝난 시각은 12시 5분이에요.

영화 주제가가 끝나고 이어서 동요를 들었어요.
동요를 듣고 난 시각도 구해 볼까요?

동요를 듣기 시작한 시각

	시	분		
	12시	5분	←	시작 시각
+	1시간	56분	←	재생 시간
	13시	61분		
	1시간 ←	60분		
	14시	1분	←	끝난 시각

14시는
오후 2시를 나타내!

동요를 듣고 난 시각은 14시 1분이에요.
오후 2시 1분이라고 할 수 있어요.

04 시는 시끼리, 분은 분끼리 빼기

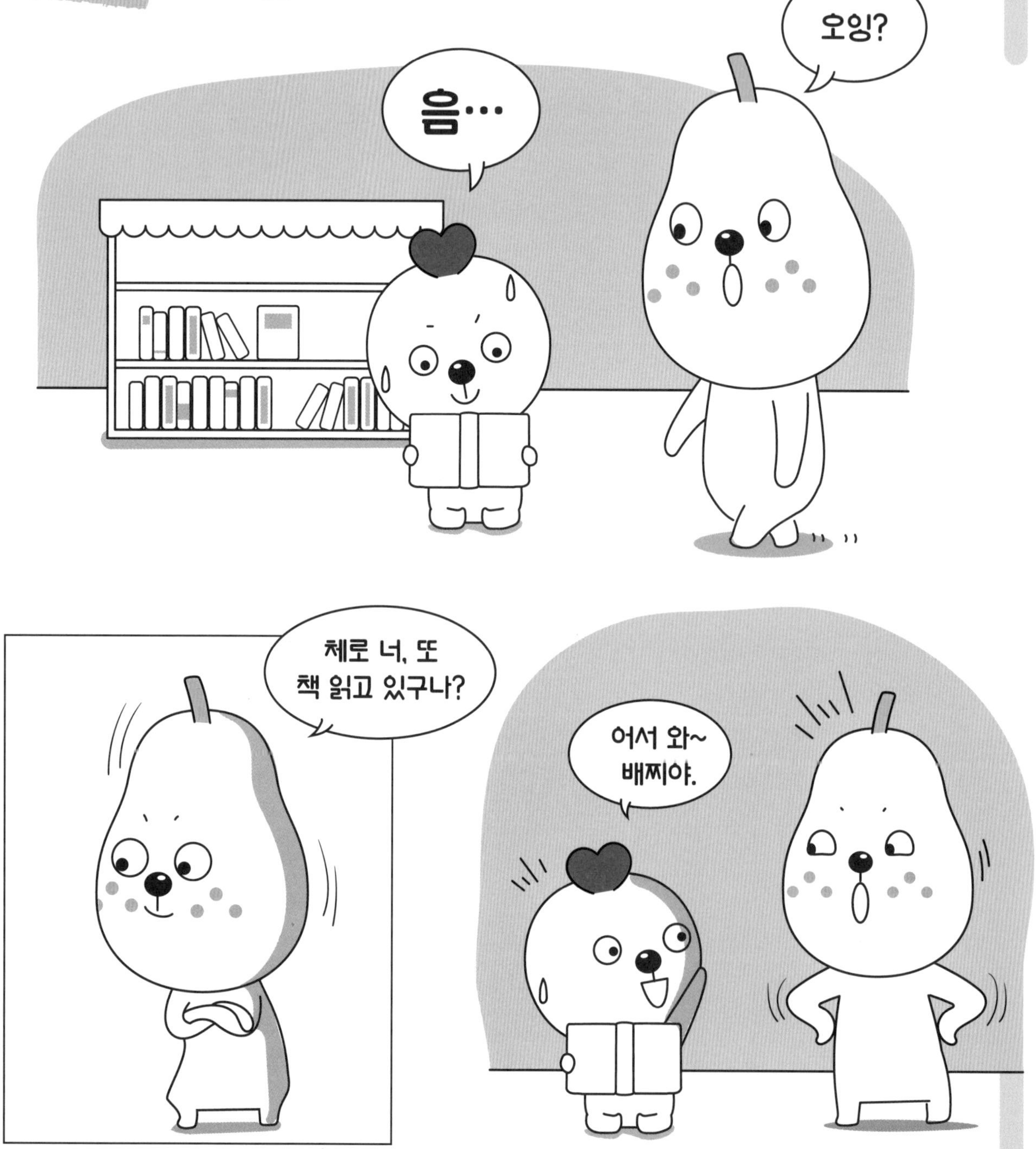
음…
오잉?
체로 너, 또 책 읽고 있구나?
어서 와~ 배찌야.

- 무엇을 배울까요? 구체적인 상황에서 시, 분 단위의 시간의 뺄셈 원리를 이해하도록 합니다. 시간의 뺄셈을 계산하도록 합니다. 구체적인 상황에서 시, 분 단위의 시간의 뺄셈을 활용하여 문제를 해결하도록 합니다.
- 언제 배울까요? 초등학교 3학년 1학기 길이와 시간 단원에서 배워요.

오늘은 또 무슨 책 읽고 있어?
방긋
난 요즘 추리 동화에 푹 빠져 있어.
척
단서를 따라서 범인을 찾아내는 게 정말 긴장감 넘치거든.
정말? 난 추리 동화는 별로 안 좋아해.
긁적
긁적
이 책은 진짜 재미있어.

이 책은 병원에서 환자를 죽인 범인을 찾는 내용이야.
척
1203호 병실 살인 사건
환자를 죽인 범인?
응.
궁금해. 나한테도 얘기해 줘.
좋아. 대신 사건이 일어난 시간을 잘 알아야 해.
간호사가 목이 졸려 죽어 있는 환자를 12시 15분에 목격했어.
꺄아아아악
2시간 10분 전에 간호사가 그 환자에게 주사를 놓고 환자의 상태를 확인하러 다시 온 거였어.

그럼
2시간 10분 전에는
환자가 살아 있었던
거군.
맞아.
12시 15분에서
2시간 10분을 빼면…
10시 5분이야!
응. 10시 5분부터
12시 15분까지
병실에 들어간 사람 중에
범인이 있다는 거지.
척
흥미진진하군~
그래서 그 사이에 병실에
들어간 사람은 누구누구야?

그게 말이야.
시시티브이를 확인했는데
아무도 들어가지 않았어.
그럴 수가!
그럼 범인이
없다는 거야?
깜짝
말도 안 돼!
아니,
딱 한 사람이 있지!
척
딱 한 사람?
범인은 바로!
바로?
궁금
죽은 걸
발견한 간호사가
범인이야.

간호사?
간호사가 왜?
사실 그 환자는
간호사의 부모님을 죽인
원수였거든.
우연히 그걸 알게 된
간호사는 항상 기회를
엿보던 중 그날을
선택했던 거야.
그렇군. 살인을 하고
죽은 걸 발견한 것처럼
속인 거야!
맞아! 어때?
추리 동화도 재미있지?
응. 정말 재미있어.
다른 추리동화도
읽을 거야!
씨익

시는 시끼리, 분은 분끼리 빼기

▶ 몇 시 몇 분을 뺄 때 시는 시끼리, 분은 분끼리 빼야 합니다.

시간의 덧셈과 같은 방법으로 뺄셈도 할 수 있어요.
덧셈과 같이 시와 분을 섞어서 빼지 않도록 조심하세요.

지호가 책을 읽은 시간은?

4시 5분에 책을 읽기 시작해서 4시 55분까지 읽었어요.
지호가 책을 읽은 시간은 뺄셈으로 구할 수 있어요.

	4시	55분	←	끝낸 시각
−	4시	5분	←	시작한 시각
		50분	←	읽은 시간

지호는 50분 동안 책을 읽었어요.

(시각)−(시각)=(시간)

4시에서 4시를 빼면
0시간!
0시간은 쓰지 않아.

뮤지컬은 몇 시 몇 분에 시작할까요?

3시간 동안 공연하는 뮤지컬을 보러 가려고 해요.
뮤지컬이 끝나는 시각이 6시 20분이에요.
시작하는 시각을 구해 볼까요?

	6시	20분	←	끝난 시각
−	3시간		←	공연 시간
	3시	20분	←	시작 시각

뮤지컬이 끝나는 시각에서 공연되는 시간을 빼면
시작 시각을 구할 수 있어요.
뮤지컬이 시작하는 시각은 3시 20분이에요.

(시각) − (시간) = (시각)

지민이가 본 만화 영화의 시간을 구해 볼까요?

지민이가 본 만화 영화는
5시 4분에 시작해서 6시 15분에 끝났어요.

	6시	15분	←	끝난 시각
−	5시	4분	←	시작 시각
	1시간	11분	←	걸린 시간

만화 영화의 상영 시간은
끝난 시각에서 시작 시각을 빼서 구해요.
시는 시끼리, 분은 분끼리 빼서 구해요.
영화가 상영된 시간은 1시간 11분이에요.

시각과 시각 사이를
시간이라고 해.

05 시끼리, 분끼리, 초끼리 빼기

토리가 결승선에 도착했어.
삐익!
토리의 마라톤 기록이 어때?
음~
휙
우아! 기록이 25초나 앞당겨졌어.

- 무엇을 배울까요? 구체적인 상황에서 시, 분, 초 단위의 시간의 뺄셈 원리를 이해하도록 합니다. 시간의 뺄셈을 계산하도록 합니다. 구체적인 상황에서 시, 분, 초 단위의 시간의 뺄셈을 활용하여 문제를 해결하도록 합니다.
- 언제 배울까요? 초등학교 3학년 1학기 길이와 시간 단원에서 배워요.

정말?
응~ 원래 토리의 마라톤 기록은 1시간 13분 38초였거든.
그런데 2분 12초나 앞당겼어!
그럼 새로 나온 기록이…
음… 계산해 보면~
곰곰
곰곰
무려 1시간 11분 26초야.

우아!
토리는 정말 마라톤을
잘하는구나.
휙
히히~ 고마워.
정말
신기하단 말이야?
긁적
긁적
토리는 100미터 달리기는
항상 꼴찌인데 말이야.
100미터 달리기는
잘 못하지만
마라톤 같은 오래달리기는
잘해.
도대체
비결이 뭐야?
그건 말이야.
끈기와 참을성을
기르면 돼.

포기하지 않고 계속해서 뛰는 연습을 하는 거지.
하나둘
하나둘
그렇구나~
우리도 토리를 본보기 삼아 열심히 노력하자!
응!
히히~
사실 내가 마라톤 잘하는 진짜 이유는~
씨익
엄마한테 혼날 때 끈질기게 도망다니는 것이 몸에 배어 그런 건데.
이건 비밀이야~

시끼리, 분끼리, 초끼리 빼기

▶ 몇 시 몇 분 몇 초를 뺄 때 시는 시끼리, 분은 분끼리, 초는 초끼리 빼야 합니다.

몇 시 몇 분의 뺄셈과 같은 방법으로 몇 초도 뺄 수 있어요.
시, 분, 초를 섞어서 빼지 않도록 조심하세요.

기록이 30초 더 짧아졌어요!

어느 달리기 선수의 기록이 지난번 기록보다
30초 더 짧아졌어요.
이 선수의 이번 기록을 구해 볼까요?

30초를 41분에서
빼서 1시간 11분!
이러면 안 돼!

	1시간	41분	56초	←	시간
−			30초	←	시간
	1시간	41분	26초	←	시간

30초가 당겨진 이 선수의 이번 기록은 1시간 41분 26초예요.

시간끼리의 뺄셈으로 두 시간을 비교할 수 있어요.

(시간)−(시간)=(시간)

게임을 한 시간은?

지우가 4시 12분에 게임을 시작해서 게임이 끝났을 때 시계를 보니 5시 45분 36초였어요. 게임을 한 시간을 구해 볼까요?

	5시	45분	36초	←	시각
−	4시	12분		←	시각
	1시간	33분	36초	←	시간

	5시	45분	36초
−		4시	12분
	5시	41분	24초

끝난 시각에서 시작한 시각을 빼면 걸린 시간을 구할 수 있어요. 게임을 한 시간은 1시간 33분 36초예요.

시끼리, 분끼리, 초끼리!
잊지마~.
뒤에서부터 자리를
맞춰쓰면 안 돼!

(시각)−(시각)=(시간)

출발 시각을 구해 볼까요?

서울에서 출발해서 부산까지 가는 데 5시간 15분 30초가 걸려요. 7시 45분 50초에 도착하려면 2시 30분 20초에 출발해야 해요.

서울
부산

	7시	45분	50초	←	시각
−	5시간	15분	30초	←	시간
	2시	30분	20초	←	시각

도착 시각에서 걸린 시간을 빼면 출발 시각을 구할 수 있어요.

(시각)−(시간)=(시각)

06 받아내림이 있는 시는 시끼리, 분은 분끼리 빼기

이제 집에 가자.
응~
얘들아,
놀이터에 있었구나.

앗~ 배찌구나.
우린
이제 집에 가려고
하는 중이야.
뭐라고? 벌써?
깜짝

● 무엇을 배울까요? 구체적인 상황에서 받아내림이 있는 시, 분 단위의 시간의 뺄셈 원리를 이해하도록 합니다. 시간의 뺄셈을 계산하도록 합니다. 구체적인 상황에서 받아내림이 있는 시, 분 단위의 시간의 뺄셈을 활용하여 문제를 해결하도록 합니다.

● 언제 배울까요? 초등학교 3학년 1학기 길이와 시간 단원에서 배워요.

힝~
난 이제 왔는데…
시무룩
그러지 말고
나랑 조금
더 놀다가 가면 안 돼?
씰룩
씰룩
우린 놀이터에서
꽤 오래 놀지 않았어?
응. 벌써
3시간 30분 동안이나
놀았어.
그렇게나 오래?
띠헉

너희들 도대체 몇 시부터 온 거야?
그러게~ 지금이 몇 시지?
잠깐! 저기 시계를 볼게.
지금 시간이 6시 5분이니까~
6시 5분에서 3시간 30분을 빼면~
곰곰
곰곰
우리가 온 시간은 2시 35분이야.
그렇구나!
너희들 진짜 오래 놀긴 했구나.

응~ 의리를 생각해서 같이 놀아 주고 싶지만 더 이상은 무리야.
맞아. 맞아.
어쩔 수 없지~
놀이터에서 다 놀고 난 다음에 떡볶이를 사 먹으려고 했는데~
나중에 오는 친구들이랑 사 먹으러 가야겠군.
후다닥
엥?
휙!
배찌야, 시소 안 타고 뭐 해? 빨리 타~
우린 2시간도 더 놀 수 있어. 떡볶이를, 아니, 아니! 너를 위해서라면 말이야. 히히~
척
누가 봐도 떡볶이 때문이군.

받아내림이 있는 시는 시끼리, 분은 분끼리 빼기

▶ 분끼리 뺄 수 없을 때 1시간을 60분으로 받아내려 계산합니다.

60분=1시간을 이용해서 시간의 뺄셈을 할 때 분끼리 뺄 수 없다면 1시간을 60분으로 받아내려 계산해요.

서울에서 대구까지 가는 데 걸리는 시간 구해 볼까요?

기차 시간표

지역	서울
출발 시각	16:20

→

지역	대전	대구	울산	부산
도착 시각	17:18	18:07	19:10	19:34

	18시	7분	← 도착 시각
−	16시	20분	← 출발 시각
	17시	67분	
−	16시	20분	
	1시간	47분	← 걸린 시간

분끼리 빼려고 보니
7분에서 20분을 뺄 수 없어.
18시에서 1시간을 60분으로 바꿔주면
18시 7분=17시 67분으로
나타낼 수 있어.

서울에서 대구까지
가는 데 걸린 시간은
1시간 47분이에요.

서울

1시간 45분 전 시각을 알고 싶다면?

지민이네 학교에서 놀이동산으로 소풍을 갔어요.
모든 학생들이 4시에 시계탑 앞에서 만나기로 약속했어요.
시계탑 앞에서 만나기 1시간 45분 전에
지민이네 반 친구들이 먼저 만나려고 해요.
지민이네 반 친구들은 몇 시 몇 분에 만나야 할까요?

45분을 뺄 수 있는 '분'이 없으니까 4시를 3시 60분으로 바꿔서 계산해 봐.

	시	분	
	4시		← 약속 시각
−	1시간	45분	← 먼저 만나려고 정한 시간
	3시	60분	
−	1시간	45분	
	2시	15분	← 만날 시각

지민이네 반 친구들은 2시 15분에 만나야 해요.

2시 15분에 만나!

시계를 거꾸로 돌린 것처럼 '~전의 시각'을 구할 때
실제로 시곗바늘을 돌리는 것보다 뺄셈을 이용하면
빠르고 쉽게 구할 수 있어요.

1시간 전
45분 전
1시간
45분

4시 3시 2시 15분

01 들이 비교, 단위

앗! 가징아.
쵸배야, 어디 가?
지금 집에 가는 길이야.
후다닥
그런데 왜 그렇게 급하게 뛰어가는 거야?
지금 우리 집에 신선한 산양 우유가 있거든.
우아~ 정말?

● 무엇을 배울까요? 들이를 비교하는 활동을 통해 직접 비교와 간접 비교의 장단점을 알도록 합니다.
L와 mL의 단위를 알고 읽고 쓸 수 있게 합니다.
1 L와 1 mL의 양을 알아보고 1 L와 1 mL의 관계를 알게 합니다.

● 언제 배울까요? 초등학교 3학년 2학기 들이와 무게 단원에서 배워요.

응~ 어제 가족끼리 강원도에 놀러 갔었거든.
거기서 직접 산양 젖짜기 체험을 하고 우유를 얻어 왔지.
방긋
우아~ 재미있었겠다.
학원 마치고 집에 가는 길에 갑자기 생각이 났지 뭐야.
얼른 먹고 싶어서 뛰어가는 길이야.
그렇구나~ 나도 맛보고 싶어.

가징이도 우리 집에 같이 가자.
정말이야? 나도 맛있고 신선한 우유를 마실 수 있는 거지?
당연하지.
그런데 얼마나 짜 왔길래 나까지 나눠 주는 거야?
양이 얼마나 돼?
음… 그 우유 통이 분명 1 L짜리 통이었어.
1L
그 통에 가득 담아 왔어.
우아~ 정말 많이 가져왔구나.
집에 500 mL짜리 컵 2개 있으니까 거기에 따라 마시면 돼.
500 mL
500 mL

1 L는
1000 mL니까
500 mL 컵에 딱 두 잔
나오겠네.
1 L
500 mL
500 mL
맞아.
빨리 마시러
가자!
후다닥
후다닥
응! 우유야,
조금만 기다려!
쵸배네 부엌
드디어 도착했어.
헉
헉
헉
헉
헉
히히~
얼마나 먹고 싶었으면
쉬지도 않고 뛰어왔네.

기다려~
내가 냉장고에서
꺼내 올게.
어라?
왜 우유 통이
안 보이지?
뒤적
뒤적
뒤적
가징아,
조금만 기다려~
내가 조금 더 찾아볼게.
휙
난 괜찮아.
천천히 찾아.
오잉?
휙
쵸배야,
찾을 필요 없겠어.
엥?
그게 무슨
말이야?
휙

저기
식탁을 봐.
식탁?
휙
뜨헉
꼴파
꼴파
꼴파
1 L
내 동생이
다 마시고 있어!
흐잉~
너라도 많이 마시고
얼른 쑥쑥 커.
쵸배 동생
아니랄까 봐.
우유 먹는 양도
남달라.

들이 비교, 단위

▸ 들이를 비교할 때 사용하는 단위에 리터와 밀리리터가 있습니다.
1 리터는 1 L, 1 밀리리터는 1 mL라고 씁니다. 1 L보다 300 mL 더 많은 들이를 1 L 300 mL라 쓰고 1 리터 300 밀리리터라고 읽습니다.

한 물통을 가득 채워 다른 물통에 담아 비교하기

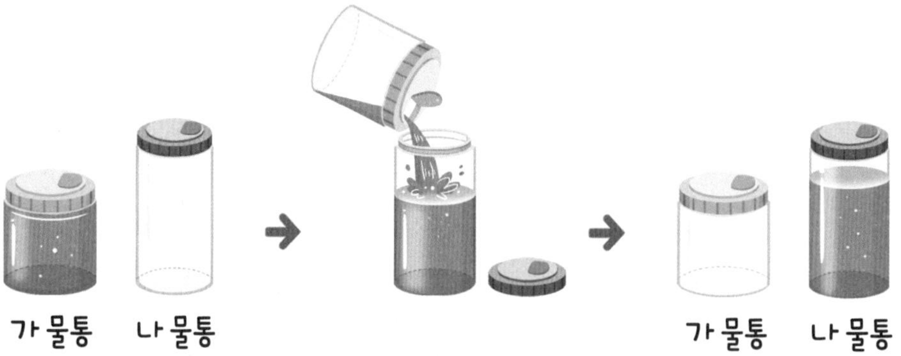

가 물통에 물을 가득 채워 **나** 물통에 옮겨 담았을 때 **나** 물통에 다 들어가고 남는 부분이 생기므로 **나** 물통의 들이가 더 많아요.

똑같은 크기의 그릇에 옮겨 담아 비교하기

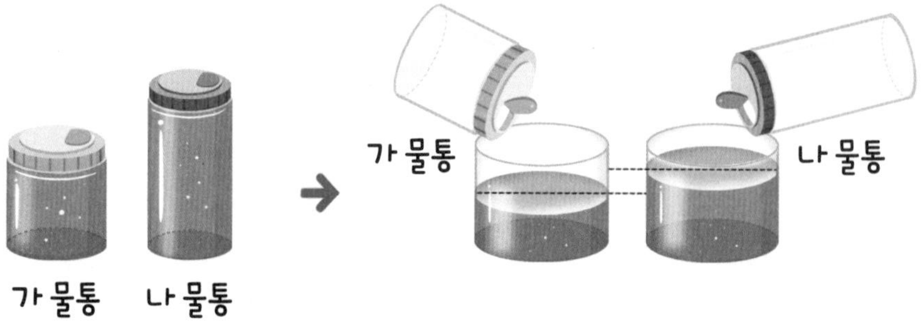

같은 크기의 물통에 옮겨 담은 물의 높이를 비교하면 **나** 물통의 들이가 더 많아요.

모양과 크기가 같은 컵을 사용해서 비교하기

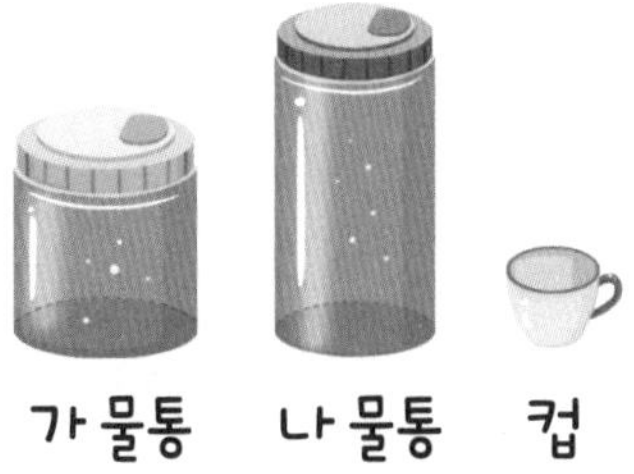

가 물통	6컵
나 물통	8컵

가 물통의 물은 **6**컵,
나 물통의 물은 **8**컵에
담을 수 있으므로
나 물통의 들이가 더 많아요.

들이를 나타내는 단위를 알아볼까요?

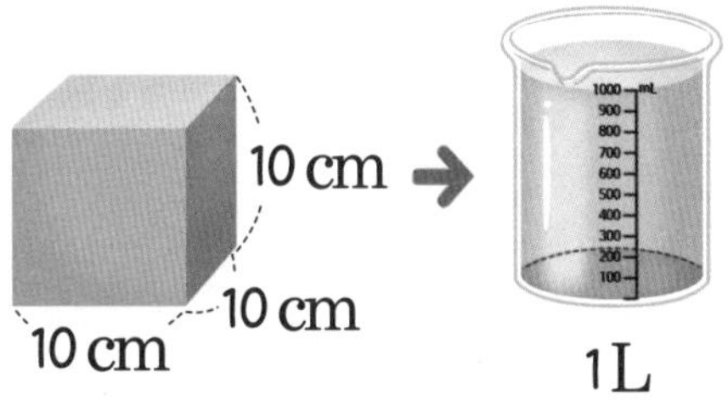

1 L=1000 mL

쓰기 1 L , 1 mL

읽기 1 리터, 1 밀리리터

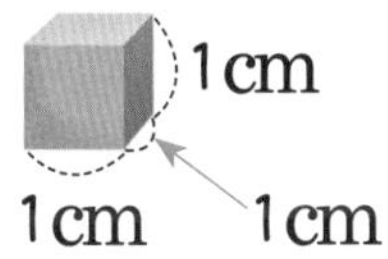

1 mL는 가로, 세로, 높이가 각각 1 cm인 상자 모양의 그릇에 담을 수 있는 양이에요. 주사기나 과학 시간에 사용하는 스포이트를 이용하면 잴 수 있는 양이에요.

주스병에 담긴 주스의 양을 나타내 볼까요?

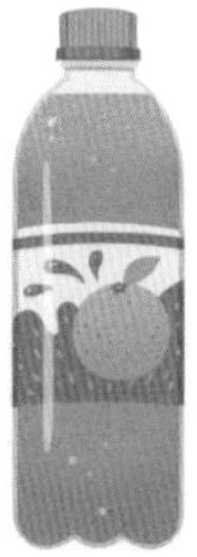

1 L보다 300 mL 더 많은 들이를 1 L 300 mL라 써요.
1 L=1000 mL이므로 1 L 300 mL는 1300 mL예요.

1 L 300 mL=1300 mL

쓰기 1 L 300 mL , 1300 mL

읽기 1 리터 300 밀리리터, 1300 밀리리터

02 들이를 어림하고 재기

배찌가 많이 아프다던데…
콜록
콜록
콜록
아이고~ 배찌 죽네.
배찌야, 괜찮아?
체로 왔구나. 콜록~ 콜록~
응. 너, 감기 걸렸다고 해서 걱정돼서 왔어.
걱정
걱정
걱정

● 무엇을 배울까요? 들이를 어림하고 '약'으로 표현하게 합니다. 여러 가지 그릇의 들이를 어림하고 재어 보는 활동을 통해 양감을 기를 수 있게 합니다.

● 언제 배울까요? 초등학교 3학년 2학기 들이와 무게 단원에서 배워요.

고마워. 체로야.
열은 좀 어때?
체로야, 열이 좀처럼 내리질 않아.
그러게 추운데 밖에서 그렇게 오랫 동안 놀면 어떡해?
버럭
버럭
히히~ 눈사람 만드는 게 정말 재미있단 말이야.
감기에 걸리면서까지 만들다니. 눈사람 만드는 열정은 인정해 줄게.

약은 먹었어?
오잉?
휙
물약이
그대로 있잖아?
난 물약은 너무 써서
못 먹겠어.
그렇다고
안 먹으면 어떡해.
이걸 먹어야 나아.
그리고 저 정도면
양도 얼마 안 되잖아?

정말?
정말이야.
약통의 들이를 잘 봐.
저 정도 양이면 약통의 들이는 약 30 mL 정도야.
그 정도면 적은 거야?
당연하지. 이 종이컵에 따라도 반도 안 돼.
톡
톡
우아~ 정말이네. 얼른 먹을게.
벌떡
휙

꼴까
꼴까
으윽~ 써!
부르르
부르르
자~
사탕 하나 먹고~
척
히히~
사탕 먹으니까
쓴맛도 덜해.
냠냠~
냠냠~
이제 한숨 푹 자면
좀 나을 거야.
아니?
벌떡
척

약을 먹었으면 누워야지.
왜 갑자기 벌떡 일어나는 거야?
약 먹었으니까
이제 곧 나을 거야.
척
엥?
실은 말이야.
어제 눈사람을
완성 못 했어.
씨익
약 먹었으니까
가서 마저 만들
준비할 거야.
후다닥
뭐라고!
감기가 낫지도 않았는데
또 나간다고!
허걱
끄응… 저 정도면
정말 눈사람에
진심이구나.

들이를 어림하고 재기

▶ 들이를 어림하여 말할 때는 약 □L 또는 약 □mL라고 합니다.

여러 양의 들이를 정확하게 재기 전에 들이를 어림할 수 있으면 들이 계산을 했을 때 정확한 값을 예상할 수 있어요.

주변에서 볼 수 있는 그릇의 들이를 어림해 볼까요?

200mL짜리 우유갑을 이용해서 컵의 들이를 어림할 수 있어요.
우유를 컵에 옮겨 담아 보면 모두 담기고 컵이 조금 남아요.
컵의 들이는 약 220mL라고 할 수 있어요.

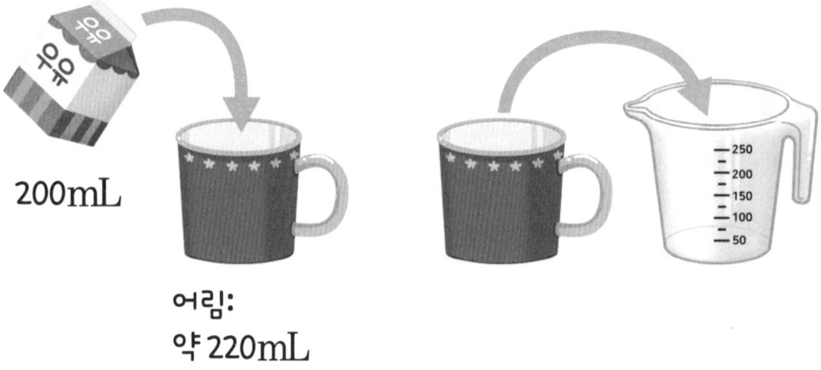

컵에 물을 담아 계량컵에 옮겨 담아 보면 230mL예요.

정확한 들이를 잴 수 있는 것들을 알아볼까요?

들이가 써 있는 우유갑이나 요구르트병 등을 이용해서 예상하거나 계량 도구를 이용해서 정확한 들이를 알 수 있어요.

L와 mL, 양에 알맞은 단위를 골라 볼까요?

주변에서 볼 수 있는 물건들의 들이를 예상해 보고 알맞은 단위를 살펴보세요.

약병의 들이는
약 30mL예요.

요구르트 병의 들이는
약 70mL예요.

우유갑의 들이는
약 500mL예요.

콜라병의 들이는
약 1500mL예요.

기름병의 들이는
약 2L예요.

욕조의 들이는
약 300L예요.

03 무게 비교, 단위

흠…
오잉?
가징아, 부엌에서 뭐 하고 있어?
지금 사과와 감을 노려보는 중이야.
엥? 과일을? 노려보고 있는 이유가 뭐야?
척!
두 과일 중 어떤 게 더 무거운지 맞혀 보려고~

● 무엇을 배울까요? 무게를 비교하는 활동을 통해 직접 비교와 간접 비교의 장단점을 알도록 합니다.
kg과 g의 단위를 알고 읽고 쓸 수 있게 합니다.
1 kg과 1 g인 물건을 들어 보고 1 kg과 1 g의 관계를 알게 합니다.

● 언제 배울까요? 초등학교 3학년 2학기 들이와 무게 단원에서 배워요.

그런데 두 개의 크기가 비슷해서 헷갈린단 말이야~
그럼 보고 맞히기보다는 한번 들어 보면 더 알기 쉬울 거야.
그렇지, 참! 그럼 내가 한번 들어 볼게.
앗! 사과가 더 무거운 것 같아.
흔들
흔들
흔들
정말?

나도 한번
들어 볼게.
어때?
음…
난 감이 더 무거운 것
같은데?
흔들
흔들
정말? 두 과일의
무게가 비슷한가 봐.
그럼
이 전자 저울에
한번 재 보자.
00
척!
끄응…
전자 저울이 있었으면
처음부터 저걸로
재면 됐잖아!
자~
그럼 사과부터 재면~
사과는
220 g이야.
220 g
감은
190 g이야.
190 g

우아~
사과가 더 무겁구나.
그런데 두 과일의
무게는 왜 재고 있었던 거야?
두 개 중에 더 무거운 걸
먹으려고 고민 중이었어.
그럼
더 배부를 거 아니야?
히히.
가징아…
그냥 두 개 다 먹으면
더 배부르지 않을까?
뜨헉!
그런 방법이!
그걸 이제야 알다니.
불쌍한 가징이.

무게 비교, 단위

- 무게를 비교할 때 사용하는 단위에 킬로그램과 그램이 있습니다.
- 1킬로그램은 1kg, 1그램은 1g이라고 씁니다. 1kg보다 200g 더 무거운 무게를 1kg 200g이라 쓰고 1킬로그램 200그램이라고 읽습니다.
- 1000kg의 무게를 1t이라 쓰고, 1톤이라고 읽습니다.

양손에 들어 보아 비교해 볼까요?

양손에 과일을 하나씩 들고 비교해 어느 쪽에 더 힘이 드는지 느껴 보세요.
무게가 비슷한 것을 비교할 때는 차이가 잘 느껴지지 않을 때도 있어 정확하게 비교하기 어려워요.

무게가 얼마만큼
더 무거운지
알 수 없어.

저울을 사용해서 직접 비교해 볼까요?

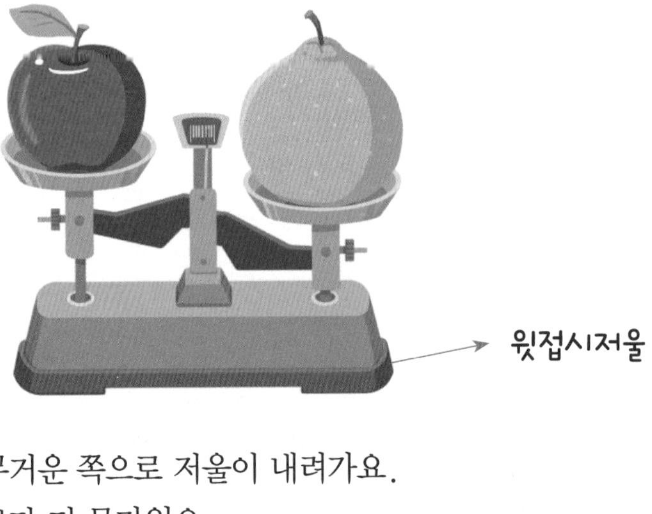
윗접시저울

시소처럼 무거운 쪽으로 저울이 내려가요.
배가 사과보다 더 무거워요.

무게가 같은 작은 물건을 사용해서 비교해 볼까요?

100원짜리
동전 15개

100원짜리
동전 20개

배가 100원짜리 동전 5개만큼 더 무거워요.

무게를 나타내는 단위를 알아볼까요?

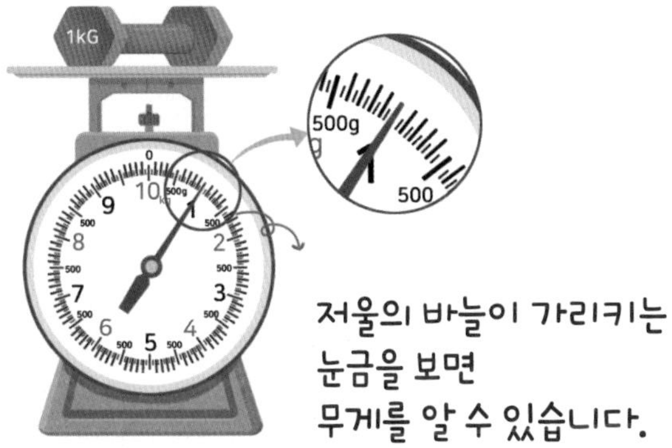
1kG
500g
500
저울의 바늘이 가리키는
눈금을 보면
무게를 알 수 있습니다.

1g같이 가벼운 물건의 무게는
전자저울을 이용하면 좋아!
5
전자저울의 숫자를 보면
무게를 알 수 있습니다.

1kg=1000g

쓰기 1kg , 1g

읽기 1 킬로그램, 1 그램

kg과 g을 사용하여 여러 가지 물건의 무게를 나타낼 수 있어요.

1kg 200g=1200g

쓰기 1kg 200g , 1200g

읽기 1 킬로그램 200 그램, 1200 그램

1000kg=1t

쓰기 1t

읽기 1 톤

04 무게를 어림하고 재기

휴~
어제 너무 많이 먹었더니 또 살이 찐 것 같아.
얼마나 많이 먹었길래?
빵빵
가징아, 그럼 우리 몸무게를 한번 재 볼까?
그래! 체중계로 정확한 몸무게를 재 봐야 할 것 같아.
벌떡
이 체중계로 재면 되겠어.
가징이 네가 먼저 재 봐.

● 무엇을 배울까요? 무게를 어림하고 '약'으로 표현하게 합니다. 여러 가지 물건의 무게를 어림하고 재어 보는 활동을 통해 양감을 기를 수 있게 합니다.

● 언제 배울까요? 초등학교 3학년 2학기 들이와 무게 단원에서 배워요.

그런데 걱정이네.
살이 너무 많이 쪘을까 봐.
걱정
걱정
내 몸무게가
35 kg이거든.
가징이는
나보다 조금 작으니까~
많이 나가 봐야
32 kg 정도 나갈 거야.
너무 걱정하지 말고 재 봐.

응.
그럼 한번 체중계에
올라가 볼게.
휙
오옷!
아니!
체중계 숫자가
38.4야.
38.4
kg
그럼
38 kg 400 g이란
말이잖아.
키는
나보다 작은데
몸무게는 더 많이
나가네.
배찌야, 안 되겠어.
건강을 위해서라도
살을 좀 빼야 겠어.

우아! 결심 잘했어. 가징아.
그런데 살을 빼려면 어떡해야 하지?
건강하게 살을 빼려면 말이야.
우선 규칙적인 운동을 하고,
군것질을 끊고 야채 채소 위주로 먹고,
밥도 너무 많이 먹으면 안 되고~ 주저리주저리~
가징아, 알았지?
오잉?
크흑! 살 빼는 게 수학 공부보다 더 어렵잖아.
그냥 행복한 돼지로 살래!
후다닥

무게를 어림하고 재기

▶ 무게를 어림하여 말할 때는 약 □kg 또는 약 □g이라고 합니다.

여러 양의 무게를 정확하게 재기 전에 무게를 어림할 수 있으면 무게 계산을 했을 때 정확한 값을 예상할 수 있어요.

주변에서 볼 수 있는 물건의 무게를 어림해 볼까요?

1kg짜리 아령을 이용해서 내 책가방의 무게를 어림할 수 있어요.
아령을 들어 보고, 책가방의 무게를 어림해 보면 내 책가방의 무게는 약 2kg이라고 말할 수 있어요.

어림: 약 2kg

저울에 책가방을 올려놓아 보면 1kg 200g이에요.

정확한 무게를 잴 수 있는 것들을 알아볼까요?

무게를 잴 수 있는 도구를 저울이라고 해요.

아날로그저울

전자저울

윗접시저울

양팔저울

용수철저울

kg, g, t 중에서 무게에 알맞은 단위를 골라 볼까요?

주변에서 볼 수 있는 물건들의 무게를 예상해 보고 알맞은 단위를 살펴보세요.

동전의 무게는
약 1g이에요.

당근 1개의 무게는
약 120g이에요.

1kg=1000g임을
잊으면 안 돼!

Water

물병의 무게는
약 500g이에요.

호박의 무게는
약 2kg이에요.

고양이의 무게는
약 4kg이에요.

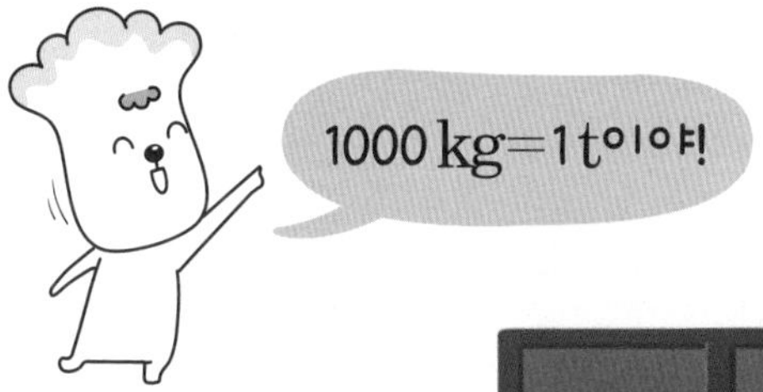
1000kg=1t이야!

트럭의 무게는 약 2t이에요.

05 받아올림이 없는 들이의 합

체로야, 안녕~
토리야, 어디 가?
엄마 심부름으로 간장을 사서 집에 가는 중이야.
척!
간장?
응. 우리 집은 항상 마당에 있는 작은 항아리에 간장을 담아 두거든.
그래서 간장을 사서 부으러 가는 중이야.

● 무엇을 배울까요? 구체적인 상황에서 들이의 덧셈 계산 원리를 이해하게 합니다.
들이의 덧셈을 계산하게 합니다.

● 언제 배울까요? 초등학교 3학년 2학기 들이와 무게 단원에서 배워요.

우아~ 재미있겠다.
나도 같이 갈래.
응! 같이 가자.
후다닥

쵸배네 마당
봐~
여기 마당에
항아리가 있지?
정말이네~
그런데
항아리가 생각보다 작은데?
넘치는 거 아니야?
걱정
걱정

음… 그럼
간장의 들이를
한번 확인해 보자.
하나는 350 mL고
하나는 250 mL네.
350mL
250mL
그럼
총 600 mL구나.
맞아. 우리 엄마가
항아리에는 총 800 mL가
들어간다고 하셨어.
그래?
앗!
그럼 넘치진 않겠어.
얼른 넣자.
응!
콸콸콸

흐익!
이게 뭐야.
다 흘러
넘쳤잖아.
꿀렁
꿀렁
이럴 리가 없는데.
오잉?
아까 말한 항아리가
저기 있는 거 아니야?
휙
간장
뜨헉!
저기 있었잖아.
심지어
간장이라고
적혀 있어.
간장
체로야,
엄마한테 혼날 때도
옆에 있어 줄 거지?

받아올림이 없는 들이의 합

- 들이의 덧셈을 할 때는 L는 L끼리, mL는 mL끼리 계산합니다.
- 들이의 덧셈은 자연수의 덧셈과 같은 방법으로 계산합니다.

두 개의 병에 들어 있는 간장을 항아리에 모으려고 해요.
항아리에 담긴 간장의 양을 알아볼까요?

그림을 이용해서 간장의 양을 알아볼까요?

빨간색 병의 간장은 2L 200mL이고
파란색 병의 간장은 1L 300mL예요.

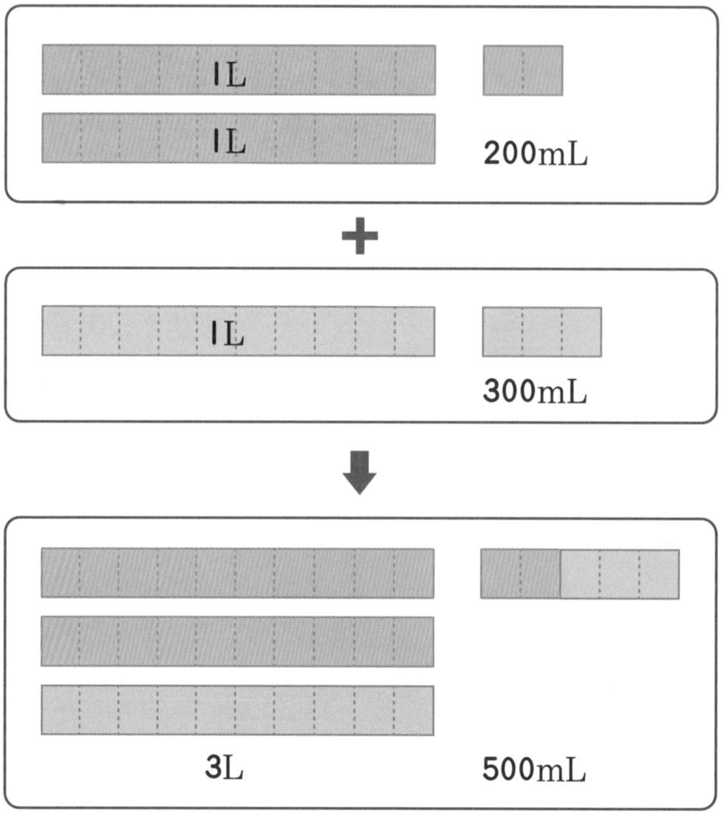

식으로 나타내서 들이를 구해 볼까요?

2L 200mL + 1L 300mL = 3L 500mL

같은 단위끼리만
계산하는 거야!

간장
간장

	2	L	200	mL
+	1	L	300	mL
	3	L	500	mL

같은 단위끼리 계산하는 연습을 해 볼까요?

바둑판 모양의 칸에 세로로 써서 자연수의 덧셈과 같은 방법으로 연습해요.
L는 L끼리, mL는 mL끼리 단위를 맞추어 더해요.

	3	L	200	mL
+	1	L	100	mL
			300	mL

→

	3	L	200	mL
+	1	L	100	mL
	4	L	300	mL

한 번 더 해 볼까요?

자연수의 덧셈에
단위만 붙여 주면
되는 거네!

	4	L	500	mL
+	3	L	300	mL
	7	L	800	mL

06 받아내림이 없는 들이의 차

자~
이제 토리와 배찌의 대결을 시작하겠습니다.
어떤 대결이든 이겨 주마!
후훗! 덤비라고!
이번 대결은 각자 숟가락으로 앞에 놓인 그릇의 물을 자기 비커에 많이 옮기는 자가 이기는 거야.
자~ 준비됐지?

● 무엇을 배울까요? 구체적인 상황에서 들이의 뺄셈 계산 원리를 이해하게 합니다.
들이의 뺄셈을 계산하게 합니다.

● 언제 배울까요? 초등학교 3학년 2학기 들이와 무게 단원에서 배워요.

시작!
삐익~
휙
휙
휙
휙
자~
5초 남았습니다.
휙
휙
휙
휙
그만!

그럼 이제 누구의 비커에
많은 양이 담겼는지 볼까?
토리는
1 L 600 mL
배찌는
400 mL
2 L
1 L
2 L
1 L
그러므로
토리 비커에 1 L 200 mL나
더 많은 양이 담겼습니다.
음하하하~
역시 압도적인
나의 승리구나!
끄응.
하지만
진짜 대결은
지금부터죠~
뭐라고?
진짜 대결?

자기 비커의 물을 다시 그릇으로 옮기는 겁니다!
척!
시작!
말도 안 돼! 내 것이 훨씬 많잖아.
히히히~
휙
휙
휙
다 옮겼어!
진짜 승자는 배찌입니다.
척!
끄응… 왠지 저 녀석들에게 당한 느낌이야.
어제 초콜릿 정말 맛있었어. 배찌야. 히히~
별말씀을~ 히히.

받아내림이 없는 들이의 차

- 들이의 뺄셈을 할 때는 L는 L끼리, mL는 mL끼리 계산합니다.
- 들이의 뺄셈은 자연수의 뺄셈과 같은 방법으로 계산합니다.

사과주스가 2L 700mL, 오렌지주스가 1L 200mL있습니다.
사과주스와 오렌지주스 양의 차를 구해 볼까요?

그림을 이용해서 두 주스의 양의 차를 알아볼까요?

사과주스는 2L 700mL이고
오렌지주스는 1L 200mL예요.

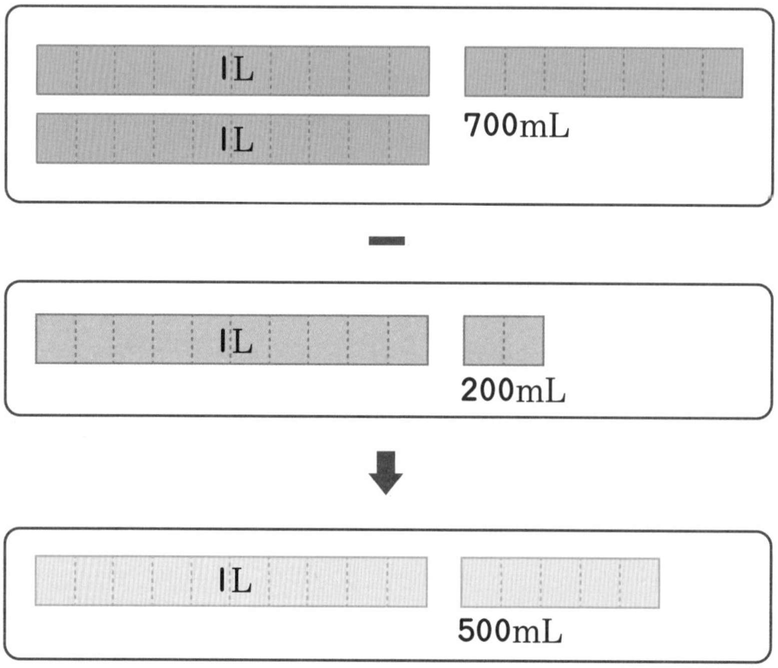

식으로 나타내서 들이를 구해 볼까요?

2L 700mL − 1L 200mL = 1L 500mL

같은 단위끼리만
계산하는 거야!

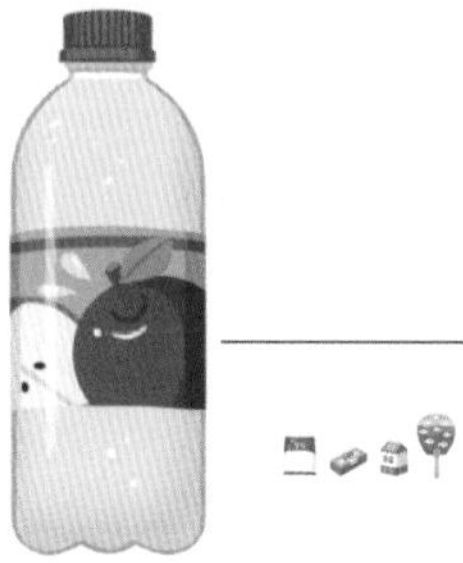

	2	L	700	mL
−	1	L	200	mL
	1	L	500	mL

같은 단위끼리 계산하는 연습을 해 볼까요?

바둑판 모양의 칸에 세로로 써서 자연수의 뺄셈과 같은 방법으로 연습해요.
L는 L끼리, mL는 mL끼리 단위를 맞추어 빼요.

	4	L	400	mL
−	2	L	200	mL
			200	mL

→

	4	L	400	mL
−	2	L	200	mL
	2	L	200	mL

자연수의 뺄셈에
단위만 붙여 주면
되는 거네!

한 번 더 해 볼까요?

	9	L	900	mL
−	6	L	600	mL
	3	L	300	mL

07 받아올림이 없는 무게의 합

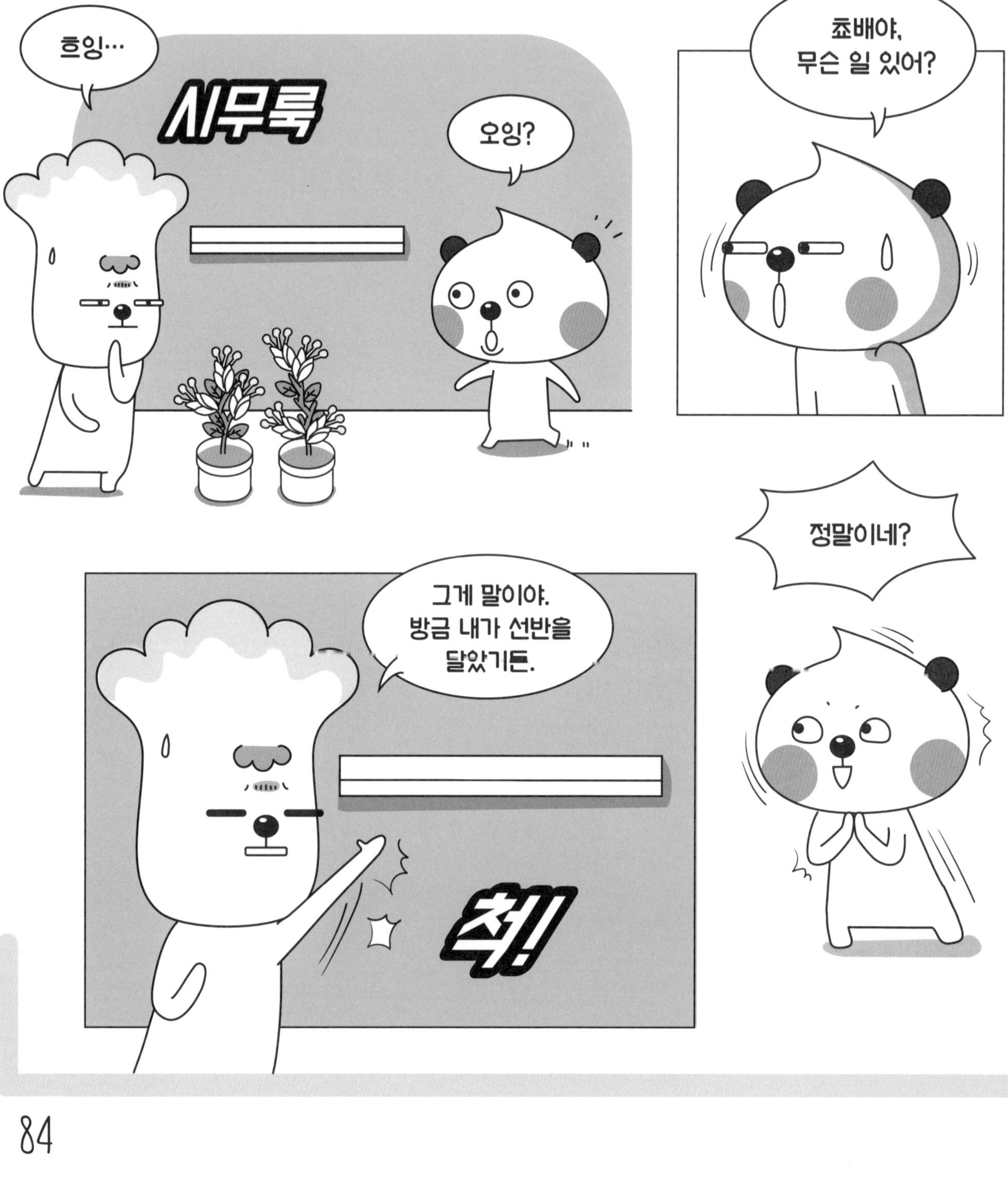
호잉…
시무룩
오잉?
죠배야,
무슨 일 있어?
그게 말이야.
방금 내가 선반을
달았거든.
척!
정말이네?

● 무엇을 배울까요? 구체적인 상황에서 무게의 덧셈 계산 원리를 이해하게 합니다.
무게의 덧셈을 계산하게 합니다.

● 언제 배울까요? 초등학교 3학년 2학기 들이와 무게 단원에서 배워요.

아~ 알겠다.
저 화분들을 올리려고
선반을 달았구나.
척!
맞아.
그런데 문제가 생겼어.
무슨 문제?
이 선반이
버틸 수 있는 무게는
4 kg이거든.

그래서 이 화분을 두 개 다 올려도 될까 해서 화분의 무게를 쟀거든.
하나는 1.5 kg이고
다른 하나는 2.4 kg이야.
두 화분의 무게 합은 그럼 3.9 kg이네~
맞아.
선반이 견딜 수 있는 무게는 4 kg이니까
그럼 올리 수 있는 무게잖아.
지금은 그렇지만 말이야…
걱정
걱정
나중에 식물이 자라서 열매도 맺고 줄기도 커지면 버티지 못 할 거야.

우아~ 그렇구나. 쵸배는 그런 것까지 다 생각하고 있었구나. 역시 똑똑해.
흐잉~ 어떡하지?
그러게~ 좋은 방법이 없을까?
잠깐, 이건
이건 조화잖아!
진짜 꽃이 아니라 가짜 꽃이야.
아, 참! 내가 조화를 샀었지. 참! 히히~
끄응… 똑똑하다고 한 말 취소야.

받아올림이 없는 무게의 합

- 무게의 덧셈을 할 때는 kg은 kg끼리, g는 g끼리 계산합니다.
- 무게의 덧셈은 자연수의 덧셈과 같은 방법으로 계산합니다.

쌀과 콩을 하나의 통에 담으려고 합니다.
통에 담긴 쌀과 콩의 무게를 알아볼까요?

그림을 이용해서 쌀과 콩의 양을 알아볼까요?

쌀의 무게는 4kg이고
콩의 무게는 1kg 500g이에요.

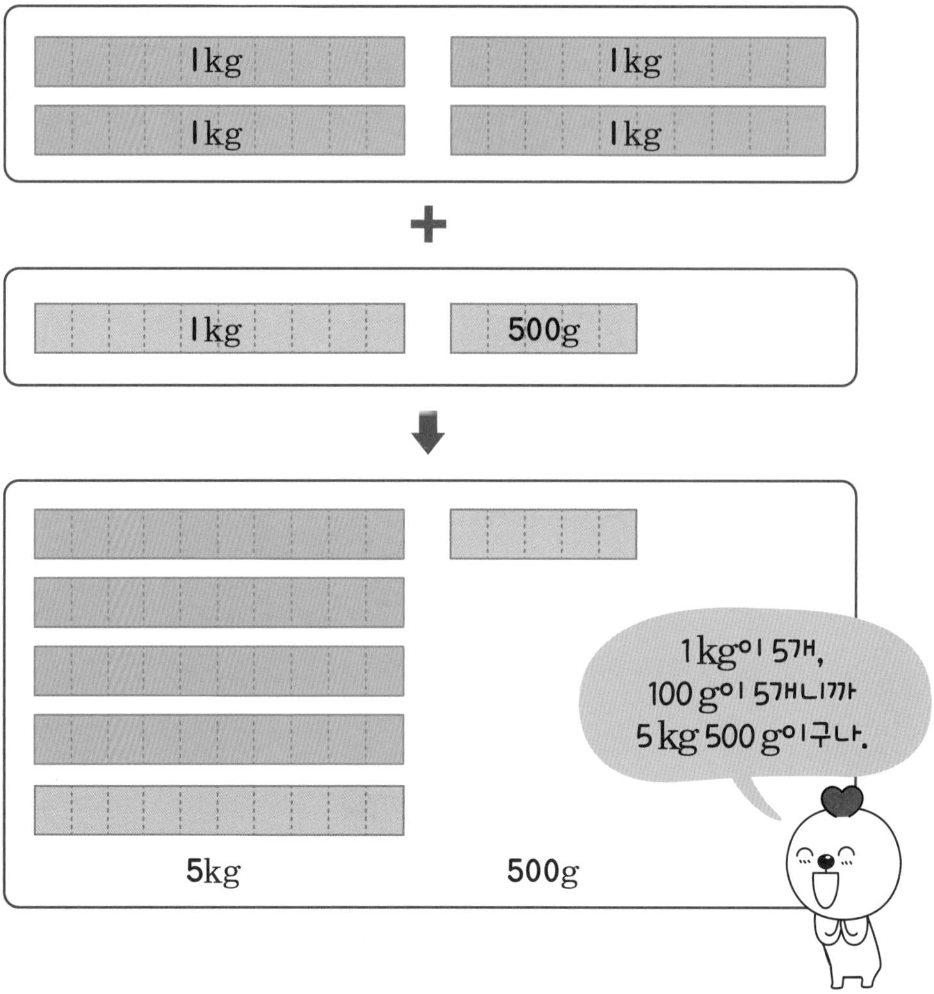

식으로 나타내서 무게를 구해 볼까요?

4kg + 1kg 500g = 5kg 500g

같은 단위끼리만
계산하는 거야!

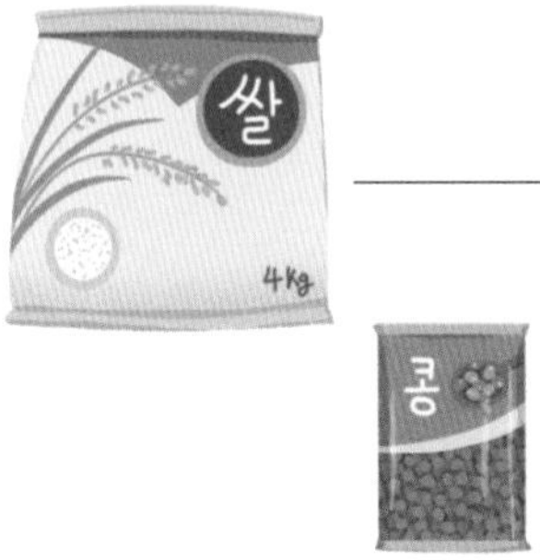

쌀
4kg
콩

	4	kg		
+	1	kg	500	g
	5	kg	500	g

같은 단위끼리 계산하는 연습을 해 볼까요?

바둑판 모양의 칸에 세로로 써서 자연수의 덧셈과 같은 방법으로 연습해요. kg은 kg끼리, g은 g끼리 단위를 맞추어 더해요.

	3	kg	500	g
+	2	kg	300	g
			800	g

→

	3	kg	500	g
+	2	kg	300	g
	5	kg	800	g

자연수의 덧셈에
단위만 붙여 주면
되는 거네!

한 번 더 해 볼까요?

	6	kg	200	g
+	4	kg	400	g
	10	kg	600	g

08 받아내림이 없는 무게의 차

체로야, 이것 좀 봐. 방에 똑같은 상자가 두 개가 있네?
그러네~
한번 들어 볼까?
스윽
그래~
읏! 이건 엄청 무거워.
끙
끙

● 무엇을 배울까요? 구체적인 상황에서 무게의 뺄셈 계산 원리를 이해하게 합니다.
무게의 뺄셈을 계산하게 합니다.

● 언제 배울까요? 초등학교 3학년 2학기 들이와 무게 단원에서 배워요.

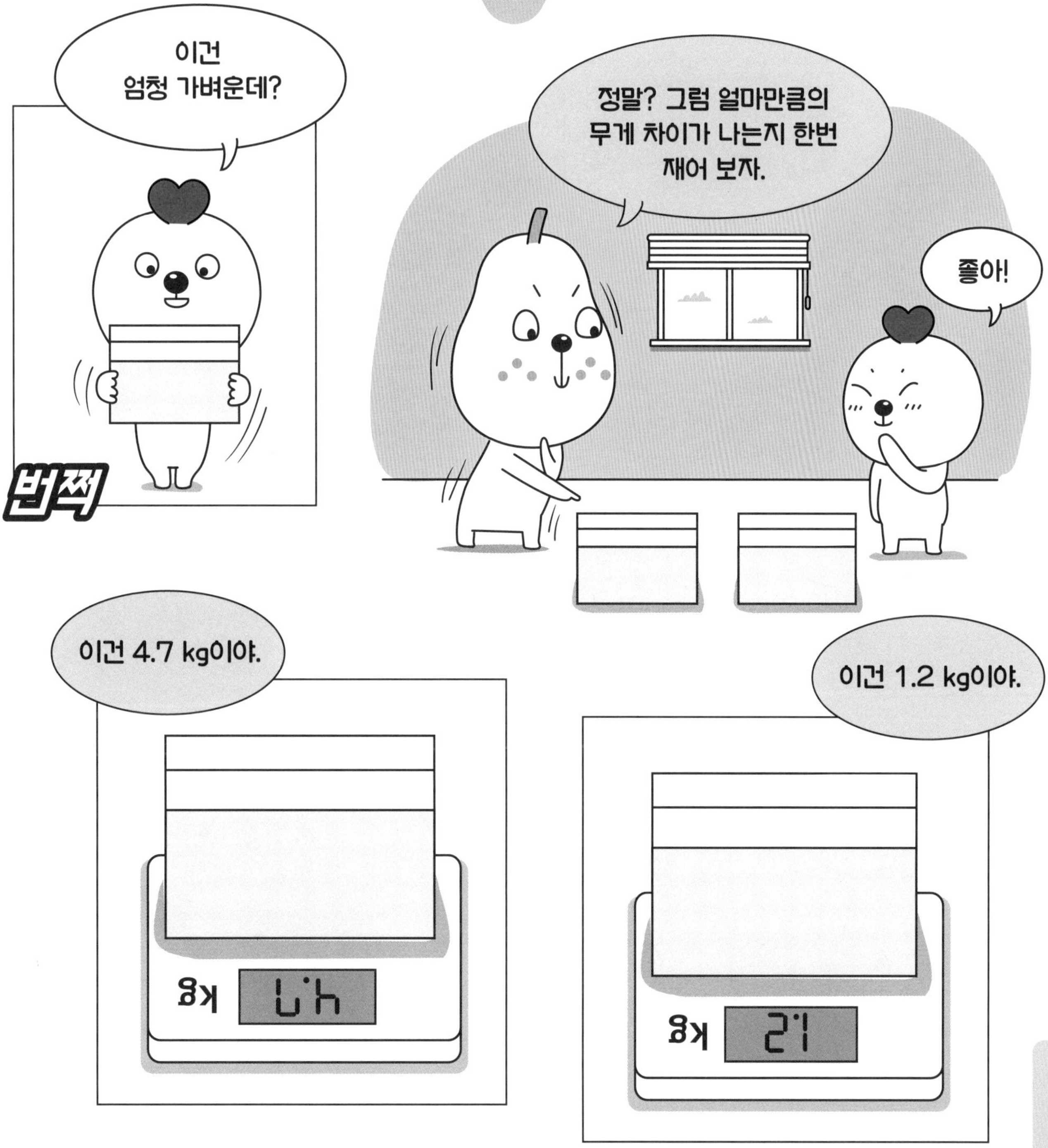
이건
엄청 가벼운데?
번쩍
정말? 그럼 얼마만큼의
무게 차이가 나는지 한번
재어 보자.
좋아!
이건 4.7 kg이야.
이건 1.2 kg이야.

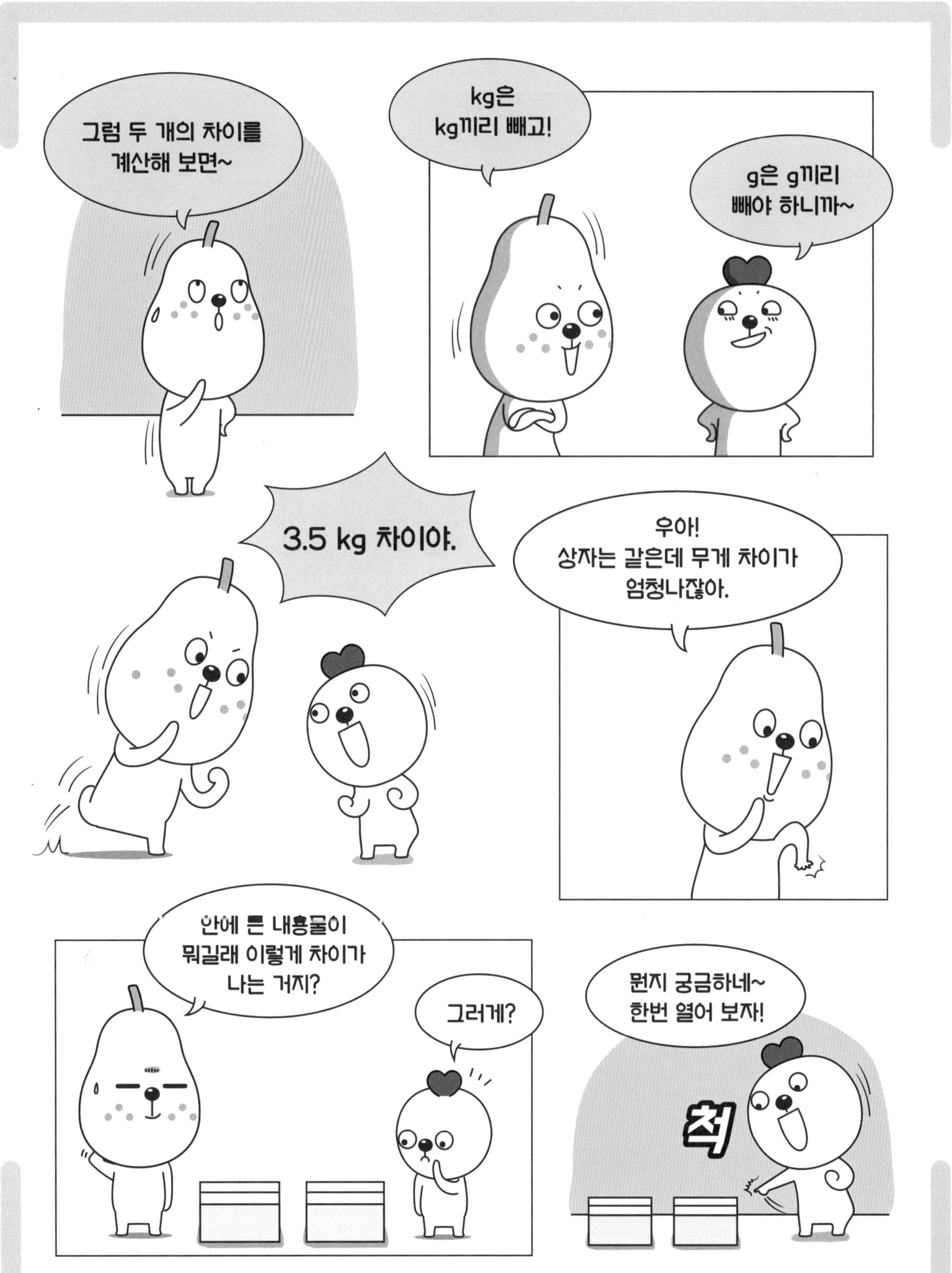
그럼 두 개의 차이를
계산해 보면~
kg은
kg끼리 빼고!
g은 g끼리
빼야 하니까~
3.5 kg 차이야.
우아!
상자는 같은데 무게 차이가
엄청나잖아.
안에 든 내용물이
뭐길래 이렇게 차이가
나는 거지?
그러게?
뭔지 궁금하네~
한번 열어 보자!
척

응! 이건 내가 열어 볼게.
이건 내가!
착!
착!
아니! 이건?
화들짝
이건 수학 문제집 10권이야.
내 것은 국어 문제집 1권이야.
수학 문제집
국어 문제집
엄마가 공부하라고 나눴나 봐.
흐이익~ 무게는 틀리지만 싫은 건 똑같잖아.
소름
도망가자!

받아내림이 없는 무게의 차

- 무게의 뺄셈을 할 때는 kg은 kg끼리, g은 g끼리 계산합니다.
- 무게의 뺄셈은 자연수의 뺄셈과 같은 방법으로 계산합니다.

수박의 무게는 3 kg 500 g, 멜론의 무게는 1 kg 100 g입니다.
수박과 멜론의 무게의 차를 구해 볼까요?

그림을 이용해서 두 과일의 무게의 차를 알아볼까요?

수박의 무게는 3 kg 500 g이고 멜론의 무게는 1 kg 100 g이에요.

1 kg이 2개,
100 g이 4개니까
2 kg 400 g이구나.

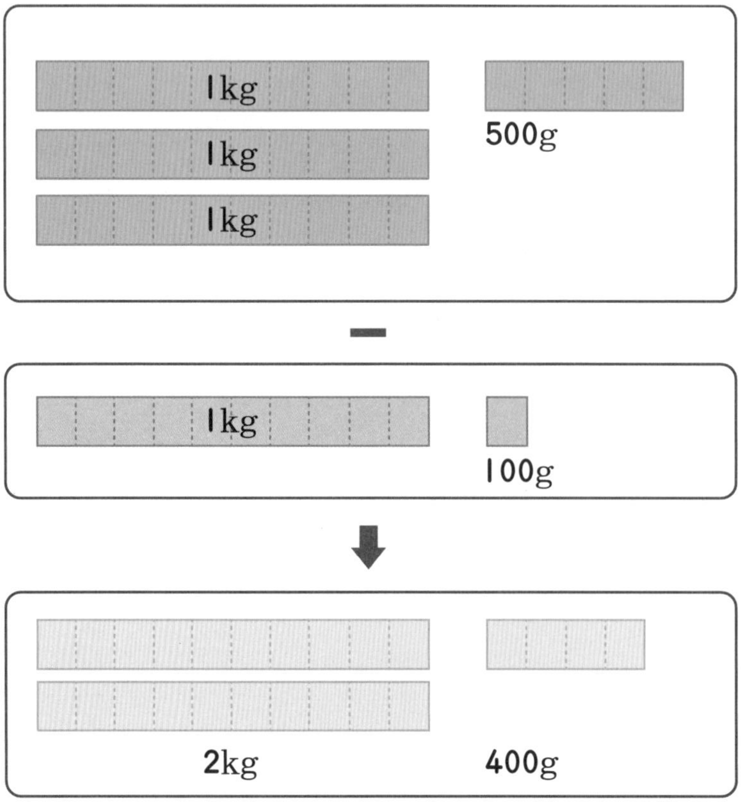
1kg
1kg
1kg
500g
1kg
100g
2kg
400g

식으로 나타내서 무게를 구해 볼까요?

3kg 500g − 1kg 100g = 2kg 400g

같은 단위끼리만
계산하는 거야!

	3	kg	500	g
−	1	kg	100	g
	2	kg	400	g

같은 단위끼리 계산하는 연습을 해 볼까요?

바둑판 모양의 칸에 세로로 써서 자연수의 뺄셈과 같은 방법으로 연습해요. kg은 kg끼리, g은 g끼리 단위를 맞추어 빼요.

	5	kg	600	g
−	1	kg	300	g
			300	g

→

	5	kg	600	g
−	1	kg	300	g
	4	kg	300	g

자연수의 뺄셈에
단위만 붙여 주면
되는 거네!

한 번 더 해 볼까요?

	10	kg	500	g
−	5	kg	250	g
	5	kg	250	g

☆ 대한민국 초딩이 알아야 할 모든 지식 ☆
또래퀴즈
우리 아이 척척박사 만들기
프로젝트
초등학생을 위한 지식 퀴즈 백과
또래 퀴즈
호기심 퀴즈 백과
서로 묻고 답하며 두뇌&지식이 쑥쑥!
이젠교육
또래 퀴즈 호기심 퀴즈 백과
스프링북 | 정가 10,000원
한 손에 들고
다니면서 친구들이랑
맞히기 해요!
16 맛있는 음식을 보면 왜 침이 고일까요?
그림, 힌트를 보면서
풀면 이해하기
쉬울 거예요!
초등 지식을 퀴즈,
해설과 함께
재미있게 익혀요!
스프링 제본으로
책장을 편하게
넘길 수 있어요!
세계 퀴즈 백과
인물 퀴즈 백과
과학 퀴즈 백과
호기심 퀴즈 백과
사회·문화 퀴즈 백과
상식 퀴즈 백과
한국사 퀴즈 백과
신기한 퀴즈 백과
COMING SOON
다음 시리즈도
곧 만나볼 수 있어요!
또래 퀴즈 백과 시리즈
세계 퀴즈 ‖ 인물 퀴즈 ‖ 과학 퀴즈 ‖ 호기심 퀴즈 ‖
사회 · 문화 퀴즈 ‖ 상식 퀴즈 ‖ 한국사 퀴즈 ‖ 신기한 퀴즈
이젠교육
EZEN EDUCATION